W0366444

Waldmärchen

avBUCH

Achauer Straße 49a, A-2333 Leopoldsdorf bei Wien-IZ
Tel.: 0043(0)2235/404-0, Fax: 0043(0)2235/404-459
E-Mail: buch@agrarverlag.at, http://www.avbuch.at

Waldmärchen

Zusammengestellt von Christian Brawenz
Mit Illustrationen von Barbara Scarr

Impressum

Herausgeber: Dr. Christian Brawenz, Hauptverband der Land- und Forstwirtschaftsbetriebe Österreichs (HVLF)
Gestaltung: Mag. Sylvia Brawenz-Anzböck
Illustrationen: Dr. Barbara Scarr

© 2004 Österreichischer Agrarverlag Druck- und Verlagsges.m.b.H Nfg.KG, Achauer Straße 49A, A-2333 Leopoldsdorf

Das Werk ist einschließlich aller seiner Teile urheberrechtlich geschützt. Jede Verwertung außerhalb der engen Grenzen des Urheberrechtsgesetzes ist ohne Zustimmung des Verlages unzulässig und strafbar. Das gilt insbesondere für Vervielfältigungen, Übersetzungen, Mikroverfilmungen und die Einspeicherung und Verarbeitung in elektronischen Systemen.

Projektleitung: Alexandra Mlakar, Österreichischer Agrarverlag
Druck: AV+Astoria Druckzentrum GmbH, Wien

Printed in Austria

ISBN: 3-7040-2041-9

Inhalt

Vorwort

Wunderbarer Wald

Man braucht keine Lupe, um die Wunder des Waldes erkennen zu können.

Bei einem simplen Spaziergang durch diese grüne Welt erfahren alle Sinne eine Überfülle an Reizen, wenn die Antennen auf Empfang gestellt wurden. Die kühle Luft umfließt die Gesichtshaut, alle paar Meter riecht es anders, das Rauschen der Zweige, das Knacksen im Gehölz mit den Rufen der Tiere erschreckt und beruhigt abwechselnd.

Wer mit der Brille der Phantasie durch die Wälder streift, sieht Baumgesichter und hört die Waldwichtel arbeiten. Doch auch Wissenschaftler, die mit der Lupe den Wald betrachten, erleben Wunder um Wunder. Längst sind nicht alle Geheimnisse gelüftet, im Gegenteil.

Wunderbar ist auch, was der Wald alles fertig bringt: Rohstoffquelle für den umweltfreundlichsten Baustoff Holz, Sauerstoffproduzent, Wasserfilter, Lawinenschutz, Tierheimat, Arbeitsplatz und Erholungsraum. Alle diese Leistungen erbringen die Wälder und ihre Eigentümer seit vielen Generationen. Seit jeher bildet der Wald auch eine Bühne für Geschichten, Mythen und Gleichnisse. Wer im Märchen in den Wald geht, kommt aus diesem Raum der Verwandlung als neuer Mensch heraus.

Entwicklung passiert im Wald, Erkenntnis geht von ihm aus.

Auch in einer Welt voll mit Computerspielen, Gameboys, künstlicher Intelligenz und Stress hat der Wald genug Attraktionen zu bieten. Wald ist cool.

Dieses Märchenbuch ist allen gewidmet, die den Wald pflegen, von ihm leben, und den Besuchern, die diesen wunderbaren Ort mit wachen Sinnen und Respekt betreten.

Dr. Christian Brawenz

Der stolze Fels

Auf einem Waldeskamm erhob sich ein mächtiger Fels. Breit und wuchtig lag er da, eingebettet zwischen starken Stämmen von Bergbuchen und Eichen, die er hoch überragte. Von seinem Fuße bis hinab in das Tal zog sich dichter Wald. Aus weiter Ferne konnte man den wuchtigen Fels bereits sehen, wie er hinabschaute auf die dunklen Waldniederungen. Er blickte hinweg über die Wipfel der Bäume, die ihm nichtig und vergänglich erschienen.

Denn im Vergleich zu ihm führten sie nur ein kurzes Leben, bis der Sturmwind sie niederriss oder Säge oder Axt des Holzfällers sie holte. Wie anders war dagegen er, der Fels. Seit Entstehung der Welt saß er schwer und klobig auf der Bergscheide. Der heftige Sturm konnte ihn nicht um eines Haares Breite verschieben und ohnmächtig war der Regen an seinen steinernen Flanken. Alles um ihn schien vergänglich, nur er allein schien bestimmt zu leben bis an den Jüngsten Tag, bis zum Weltuntergang.

Nahe an seiner Seite stand eine alte Eiche, die größte unter den Bäumen der Gegend. Mitleidig sprach der Felsen einmal zu ihr: „Du bist ein stattlicher Baum, aber doch ein armer Geselle. Denn wie lange wird es dauern, so reißt dich, wenn dein Holz alt und morsch wird, der Wind nieder! Wenn du Glück hast, kommt der Holzfäller und schneidet dich vorher um.“

„Mag sein, du starker Fels, dass du noch da sein wirst in tausend Jahren. Es wird auch wahr sein, dass ich bald verschwinde. Aber wenn ich sterbe, schau dich doch in meiner Nähe um. Da wachsen sie schon heran, die jungen Eichen, die aus den Samen entsprossen sind, die ich ausgestreut habe. Du aber Felsen, du blühst nicht und trägst keine Frucht, aus deren Keim sich neue Jugend entfalten würde. Wenn ich gehe, so lebt mein Geschlecht weiter und wird sich fortpflanzen bis an den Jüngsten Tag.“

So sprach die Eiche und weit herum schüttelten die Bäume zustimmend ihre Blätter. Der Felsen dagegen fand die Worte der Eiche überheblich und anmaßend. Nicht lange darauf kamen Menschen, gingen durch den Wald, betrachteten alle

Bäume, und als sie zu der großen Eiche kamen, sagten sie: „Das ist ein herrlicher Baum! Das viele schöne Holz, das er uns zum Hausbau geben wird! Den ernten wir!“ Und so geschah es auch.

Ein leerer, lichter Raum entstand, wo die mächtige Eiche gestanden hatte, und die Wand des Felsens lag entblößt da. Fast war es ihm leid um seine schöne Nachbarin, doch blieb er unbeweglich stehen, rührte sich nicht und dachte nur: „Mich können die Menschen nicht umschneiden, denn ich bin stärker als sie. Ich werde ewig leben.“

Die Jahre vergingen. Längst stand wieder eine stolze, hohe Eiche in dem sich ewig verjüngenden Wald. Der Fels war noch immer so hochmütig wie zuvor, nur zuweilen spürte er etwas Unbehagen. Da und dort waren an seinem Körper kleine Risse entstanden. In diese drang das Wasser ein und im Winter fror es zu hartem Eis, das den Spalt im Gestein auseinander trieb. Dies geschah ganz unmerklich, doch unablässig, Jahr für Jahr.

So wurde auch der Felsen alt. Und Jahrhunderte später geschah es, dass nach einem besonders strengen Winter der Vorfrühling einen warmen Südwind schickte. Das Schmelzwasser drang überall ein, so auch in den Felsen und in den Erdboden. Das Erdreich erweichte und hielt der ungeheuren Last des Felsens nicht mehr stand, sodass

dieser auf dem Hang zu rutschen begann. Er löste sich und stürzte donnernd zu Tal. Dabei knickte er Bäume und riss eine tiefe Furche in das Erdreich. Während des Sturzes brach der Felsen auseinander und die einzelnen Stücke kollerten weit in die Ebene des Tales.

Der stolze Fels hatte den Jüngsten Tag nicht erlebt, er war der leisen bohrenden Kraft des Wassers, der Hitze und der Kälte erlegen. Er hinterließ keine Nachkommen wie die Eiche, die einst seine Nachbarin gewesen war. Der Fels war untergegangen, während die Eichen weiterlebten und zwischen seinen Überresten Wurzeln trieben.

Hermine Wittmann

Das Puppengesicht

Am Tag vor Prinzessin Enimrehs Geburt geriet der Streit zwischen ihrem Vater, dem Feenkönig Ennat, und der Hexe Etenom außer Kontrolle. Seit sie denken konnte, hasste Etenom die Feen und deren freundliches Wesen verklumpte den Schleim in ihrem Hals. Sie musste spucken, wenn sie das Wort „Fee“ aussprach. Mit immer neuen Flüchen und Tricks versuchte sie die freundlichen Geister aus den Wurzeln der Bäume und den Höhlen der Berge zu vertreiben. Feenkönig Ennat und seine Königin Echub hielten bislang mit ihrem Volk den Angriffen wacker stand. Um alle Macht an sich zu reißen, verbündete sich die Hexe Etenom mit dem Wüstenwind.

Lieber sah die Böse alle Bäume und Wälder verdörren, als den freundlichen Waldgeistern ihr Reich zu lassen.

Und der heiße Wüstengesell wütete schrecklich. Die Bäche trockneten in wenigen Stunden aus, Tannennadeln färbten sich gelb und das Laub fiel trocken zu Boden. König Ennat, der Verzweiflung nahe, konnte dem Verfall des Waldes nicht länger zusehen. „Nun“, sprach er zu seinen Ministern und Freunden, „wenn es so ist, dass der Wald und die Feen sterben sollen, so lasst uns aufgeben, damit wenigstens die Bäume weiterleben dürfen. Wir hatten seit jeher hier Heimat und die grünen Hallen sind uns Haus und Freud. Wir dürfen sie nicht opfern."

„Das ist Wahnsinn", meinten einige Berater. „Wir sind die Seele des Waldes und die Hüter der Geheimnisse hier. Wir sind Teil des großen Ganzen, das ohne uns nur Kulisse ist." Sustan, der älteste Feenmeister, sprach: „Wir können den Kampf nicht gewinnen. Also müssen wir tun, was Ennat vorschlägt. Vorher aber sollen unsere besten Waldmeister auf geheimen Wegen entfliehen, in alle Erdteile ziehen und sich im Ohr geeigneter Menschen einnisten. Diese werden auserwählt, unsere Arbeit weiterzutragen. Für Königin Echubs Kind will ich einen Menschenkörper schaffen und es darin verstecken, damit Etenom es nicht finden kann."

Ennat und sein Volk folgten schweren Herzens diesem Vorschlag. Noch in der Nacht nach diesem Beschluss gab Ennat auf und seine Frau Echub gebar ein Mädchen, das den Namen Enimreh erhielt. Sustan formte aus den Zellen des Lebens einen Körper, versteckte Enimreh darin und brachte das Mädchen in eine Menschenstadt.

Dort setzte er Enimreh in den Schoß von Inge, der Frau des Geschäftsmannes Eibi, die seit Jahren ein starker Kinderwunsch plagte.

Ennat, Echub und das Volk der Feen fielen währenddessen in die Krallen der Hexe Etenom. Völlig berauscht von ihrem Sieg schloss sie alle kleinen Waldgeister ohne langes Zählen und Fragen in die Eiskristalle des Gletschers ein. „Von dort oben“, so höhnte sie, „habt ihr einen herrlichen Ausblick auf mein neues Reich und ihr könnt nichts tun, nur zusehen und leiden!“

Inge Eibi starb vier Tage nach Enimrehs Geburt am Fieber. So wuchs die Prinzessin ohne die fürsorgliche Liebe einer Mutter, betreut von wechselnden Kindermädchen, heran. Herr Eibi verstand sich mehr aufs Geschäftemachen als auf seine Rolle als Vater. Manchmal schien es, als liebte er das Geld und den Erfolg mehr als seine Tochter. Dazu kam noch, dass er gelegentlich andeutete, wie wichtig ein Sohn gewesen wäre, der den Betrieb übernehmen hätte sollen.

Fast hätte man meinen können, der Geldmann machte Enimreh einen Vorwurf daraus, dass seine Frau Inge nicht mehr war und das Kind das falsche Geschlecht hatte. Die Kleine versuchte nach Kräften ihrem Vater zu gefallen. Von Natur aus von anmutiger Gestalt, richtete sie sich stets so her wie ihre geliebten Puppen. „Wenn ich so lächle und so aussehe wie meine Puppen", dachte das Kind, „die doch alle so niedlich finden, dann wird man auch mich mögen." Ärger, Wut und Traurigkeit verbarg sie so hinter dem starren Puppenlächeln.

Diese Übung fiel ihr nicht einmal besonders schwer, hatte sie doch seit sie denken konnte das Gefühl, nur Gast in einem fremden Körper zu sein. Es war ihr so, als dirigiere sie einen Puppenkörper durch die Welt, die gar nicht wirklich die ihre war.

Herrn Eibi gefiel dies, da er für schwierige Kinder ohnehin keine Zeit gehabt hätte.

Von seinen Reisen brachte er Enimreh, die den Vater mit Kussmündchen empfing, gerne Puppen oder Schmuck mit.

An schönen Sachen litt die Kleine keinen Mangel. Doch so sehr sie sich einredete, dass dies eben die Liebe sei wie sie Väter zeigen, blieb immer suchende Traurigkeit zurück.
Je größer ihre Puppensammlung wurde, desto größer wuchs der Drang zur Suche. Dabei wusste sie nicht zu benennen wonach sie eigentlich suchte. Ja sie machte sich mit zunehmendem Alter sogar Vorwürfe wegen dieses Verlangens.
„Hast du nicht alles, was man sich wünschen kann?", dachte sie. „Ein schönes Heim, Bedienstete, Geld, unzählige Sachen?"

Von einem Schuldner übernahm Herr Eibi einen Wald. Enimreh feierte kurz vor diesem Zeitpunkt ihren zwanzigsten

Geburtstag und stellte immer noch jene maskenhaft anmutige Puppe dar, die sie schon als Kind vorspielte. Bei ihren Mitmenschen war das Mädchen wohl beliebt, doch eine innige Nähe zu anderen fehlte. Zu sehr war sie damit beschäftigt, ihre Außenwand perfekt erscheinen zu lassen, zu groß ihre Angst vor dem Geheimnis, das sie mit den Jahren immer deutlicher in sich spürte, aber niemals benennen konnte.

Da Eibi mit Bäumen wenig anzufangen wusste und sich nur für die gewinnbringendste Verwertung interessierte, schickte er seine Tochter, das heimliche Feenmädchen, hinaus, um seinen neuen Besitz zu begutachten. Das Fräulein war nicht besonders glücklich mit diesem Auftrag, hatte sie es doch bisher geschafft, die schicke Umgebung ihrer Stadt kaum je zu verlassen. Fast empfand sie es als Schikane. Doch da keimte noch ein anderes Gefühl in ihr, eine Mischung aus Neugierde und Angst.

So machte sie sich nervös auf den Weg. Ihre Unsicherheit nahm mit jedem Kilometer, der sie von daheim wegführte, zu. Doch so, wie uns das Verbotene manchmal magnetisch anzieht, fühlte sie den Sog hinaus, hin zu der unbekannten grünen Welt.

Am Forsthaus empfing sie Cornelius, ein Mann Mitte vierzig und von drahtigem Körperwuchs und robusten Händen, deren Finger leichte Risse aufwiesen. Cornelius hatte sich seit seiner Schulzeit für den Wald interessiert und immer in seiner Nähe gelebt. Er trug eine olivgrüne Hose aus einem derben Stoff und Enimreh bekam instinktiv eine Gänsehaut von der Vorstellung, wie sehr diese auf dem Körper kratzen musste. „Herzlich willkommen am Fichtenhof, ich bin Cornelius“, sagte er und reichte Enimreh seine warme trockene Tatze. „Enimreh, ich freue mich“, strahlte das Mädchen mit einem Lächeln zurück, das ein wenig anders schien als ihr sonstiges Puppengesicht.

„Mein Vater möchte, dass ich den Wert dieses Waldes erkunde und Verwertungsvorschläge heimbringe“, sagte sie. „Verwerten“, brummte Cornelius, „na dann wollen wir uns mal auf die Suche nach dem Wert machen, Fräulein.“

Je tiefer sie dem Waldweg folgten, desto vertrauter fühlte sich die Prinzessin. Cornelius sprach wenig, hielt aber an mancher Stelle inne und bewegte bloß seine Augen von der jungen Frau zu einem Strauch, einer Wurzel, einem Bach. In Enimrehs Kopf begann es heftig zu pochen, gerade so, als wollte ein Gefangener aus seiner Zelle. Die Schöne berührte das Moos, roch die Erde und hielt die Stirn an die Rinde einer Fichte.

„Wer bin ich?", schoss es ihr in den Kopf und sie konnte sich von diesem Satz nicht mehr lösen. Cornelius, seit jeher im stillen Beobachten geübt, bemerkte die Veränderungen an seiner Begleiterin. Das starre Lächeln der Maske hatte sich in ein trauriges Staunen verwandelt.

So führte er Enimreh zu einer Quelle, die unter einem Felsen entsprang und in ein kleines brunnenartiges Becken mündete. Da die Prinzessin durstig war, beugte sie sich über das Wasser und führte mit der hohlen Hand das kühle Nass zu ihrem Mund. Es schmeckte vorzüglich, besser als die feinen Getränke, an welche die Verwöhnte sich erinnern konnte.

„Doch irgendetwas stimmt nicht, irgendetwas fehlt hier", dachte sie. Nochmals beugte sie sich über das Wasser und da sah sie – nichts. Absolut nichts, nur dunkle Tiefe und die Lichtreflexionen des Himmels. „Es müsste ein Spiegelbild da sein, doch es fehlt", blitzte es in ihr auf. Ihre zarte Hand berührte die Oberfläche des Wassers und Kreise zitterten auseinander, doch ihr Gesicht, ja selbst ihre Finger waren

unsichtbar. Ohne dass Enimreh es wollte, tropften Tränen tiefer Ergriffenheit aus ihren Augen in das Becken. Als ob Öl in eine Lacke fällt, verformten plötzlich bunte Schlieren die Oberfläche. Die dunkle Tiefe des Wassers verschwand. Zunächst nur undeutlich schemenhaft, doch mit jeder Sekunde klarer erkannte die junge Frau ein Bild im Spiegel. Nicht die gewohnte Maske, die Puppe sah ihr entgegen, sondern die strahlenden Augen einer Fee und die regenbogenfarbenen Flügel des Wurzelgeistes schillerten im Hintergrund.

„Wer ist das?“, entfuhr es ihr unwillkürlich.

„Das ist Enimreh, König Ennats und Königin Echubs Tochter, Prinzessin der Feen“, erwiderte Cornelius.

„Woher willst Du das wissen?“, fragte die Erwachende.

„Mein Waldmeister, ein weiser Mann deines Volkes, hat mich vorbereitet“, sagte der Förster.

Je mehr die Maske abbröckelte, desto freier fühlte sich Enimreh, und so wie eine Schmetterlingspuppe streifte sie die Haut ab, die ihr zu eng geworden war.

Hier lag also ihr Zuhause, zwischen den Wurzeln und Zweigen der Bäume. Glück, Angst, Freude, Unsicherheit tobten in ihrem kleinen Feenkopf.

Dann erzählte ihr Cornelius die Geschichte von Etenom und Ennat – also ihre eigene Geschichte –, so wie er sie vom Waldmeister gelernt hatte. Und er berichtete von den

Menschen, die den Feen zuhören können und sich mit Hingabe um den Wald kümmern.

Enimreh, nun schon äußerlich völlig zu dem geworden, was sie eigentlich immer war, fühlte, wie sich die Leere in ihrer Seele, die sie nie zu benennen wusste, mit Liebe füllte.

Sie umarmte Cornelius, die Bäume, die Moospölster. Doch wie konnte sie ihre Eltern und ihr Volk befreien?

„Cornelius, geh zu Etenom und lass sie wissen, dass es mich gibt und wo sie mich findet", bat Enimreh. „Du bist wahnsinnig", wehrte er ab. „Sie wird dich töten."

Sie beschwor den Waldmann ihr zu vertrauen, und so gehorchte er schließlich.

Etenom geriet außer sich, als sie die Botschaft erhielt. Blind vor Wut raste sie zur Waldquelle, in die Enimreh getaucht war. Die Hexe beugte sich über das Wasser und blickte dabei in ihr grauenvoll hassverzerrtes Antlitz. Angewidert wich sie von ihrem Spiegelbild zurück. Doch Enimreh befand sich am Grunde des Beckens und so geiferte die Alte erneut in Richtung Wasser. Mit jedem bösen Blick, mit jedem Fluch wich mehr und mehr Kraft aus der Sterbenden, denn alles Böse fiel auf sie selbst zurück. Schließlich sackte sie krächzend neben der Quelle nieder und war nicht mehr als ein bunter Lumpenhaufen. Alle Kraft war aus ihr entwichen, sie hatte keine Macht mehr.

Da zerflossen die Eiskristalle, die so lange Jahre das Gefängnis der Feen waren. König Ennat, seine Frau und sein

Volk kehrten zurück in die Wurzeln und Bäume. Sie schlossen ihre kluge und tapfere Tochter in ihre Arme.

Den Waldmenschen, die während der schlimmen Zeit auf die Stimme der ausgesendeten Feen-Waldmeister hörten, sind die kleinen Geister noch heute freundschaftlich verbunden.

Christian Brawenz

Der Teufel schläft nicht

Als ich noch ein Kind war, erzählte mir meine Großmutter gerne Geschichten. Dabei war es nicht wichtig, wo und wann die Erzählung spielte, ob sie frei erfunden war oder den Tatsachen entsprach. Ich weiß nicht, ob Großmütter heute auch noch Geschichten erzählen. Es würde mir aber leid tun, wäre es nicht so.

Eine meiner Lieblingsgeschichten handelte davon, wie die Eiche zu ihren seltsamen Blättern kam. Allgemein bekannt ist, dass ein Bauer einen Pakt mit dem Teufel einging:

Seine Seele würde dem Bocksbeinigen in dem Moment gehören, wo kein einziges Blatt mehr auf der Eiche hing. Da Eichen aber niemals vollständig ihre Blätter verlieren, konnte der Teufel natürlich auch nie die Seele dieses klugen Bauern für sich beanspruchen.

Als der Teufel dies erkannte, wurde er so zornig, dass er mit seinen scharfen Krallen in die Krone des Baumes fuhr und die Blätter so „zerfranste“, wie wir sie heute noch an jeder Eiche sehen können.

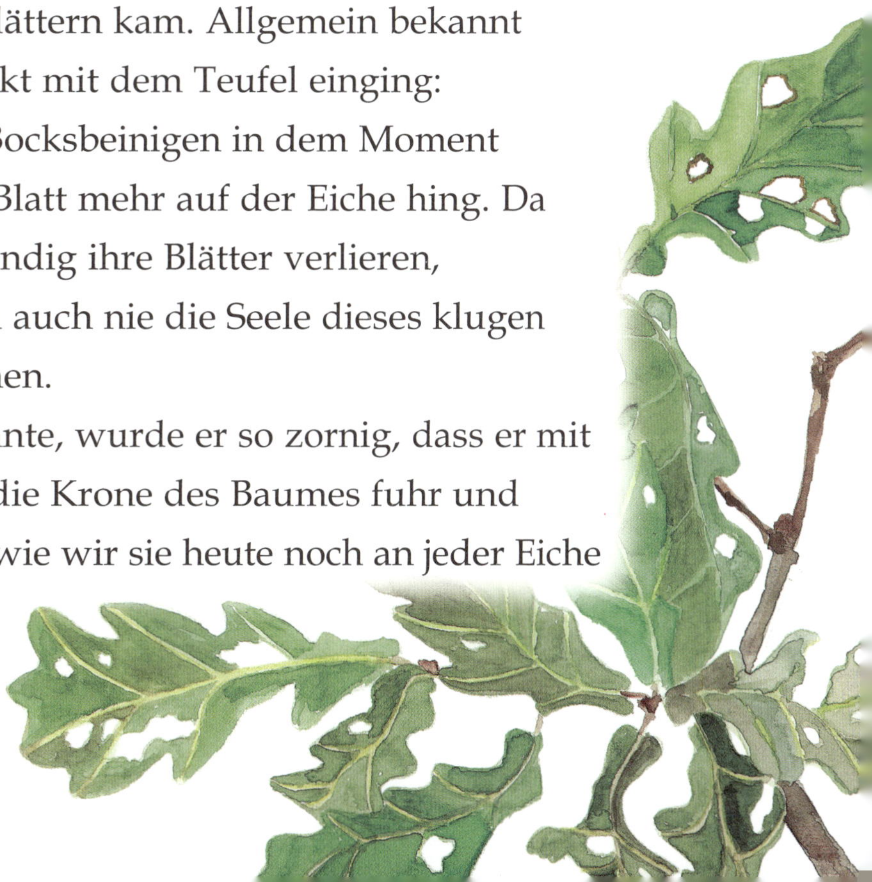

Weniger bekannt ist hingegen, dass die Geschichte an dieser Stelle weitergeht:

Der Bauer wurde ob seines Sieges über den Teufel übermütig. Immer und immer wieder forderte er den teuflischen Gesellen heraus und reizte ihn mit bösen Sprüchen, ja manchmal verhöhnte er ihn regelrecht. Deshalb sann der Teufel mehr denn je auf Rache.

Eines Tages, als der kluge Bauer schon betagt und sehr gebrechlich war, sehnte er sich danach, für immer zur Ruhe zu kommen. Deshalb klopfte er an die Himmelstüre und bat um Einlass.

Zu seiner großen Überraschung verweigerte der liebe Gott den Eintritt ins Paradies. Er schickte das Bäuerlein mit dem Auftrag auf die Erde zurück, die Blätter des Eichenbaumes wieder in den ursprünglichen Zustand zu versetzen. Der Bauer war müde und wollte dieses Unterfangen so rasch wie möglich beenden. So ging er ans Werk.

Doch immer, wenn es so aussah, als wäre seine Arbeit vollbracht, kam der Teufel und fuhr mit seinen spitzen Krallen in die Blätter.

Man sagt, dass der Bauer auch heute noch durch die Wälder streift, um die Blätter der Eiche zu reparieren. Doch gleich Sisyphus kommt sein Werk nie zu Ende – weil der Teufel eben niemals schläft.

An schlechten Tagen, wenn der Beelzebub des unendlichen Spieles überdrüssig ist, schlägt er im Zorn so fest mit seiner

Pranke zu, dass er nicht nur die Blätter erwischt, sondern sich mit seinen Krallen tief in die Rinde bohrt. Manchmal, wenn er seine mächtigen Krallen nicht mehr aus dem Baumstamm herausziehen kann, bricht er sie einfach ab. Viele Waldbesitzer und Säger im Weinviertel können die Folgen davon auch heute noch bestätigen. Die Krallenspitzen sind im Holz geblieben und mitgewachsen. Und immer, wenn beim Schneiden eines solchen Holzes eine Säge bricht, weil sie auf eine Teufelskralle trifft, hört man den Teufel lachen.

So streiten der Teufel und der Bauer wahrscheinlich bis ans Ende unser aller Tage um die rechte Form der Eichenblätter.

Das Ergebnis der teuflischen Streiterei mit dem Bauern ist bei einem Waldbesuch im Weinviertel für uns alle zu sehen. Ein Blick auf Blätter und Rinde der Eichen und ein Gespräch mit einem Weinviertler Waldbauern über die Teufelskrallen im Holz genügen.

Hermine Wittmann

ie Geschichte, die erzählt, wie Wald und Menschen einander zähmen

Es war einmal vor langer Zeit, da lebte ein altes Weiblein in den Bergen des Grimmels. Das Weiblein war sein ganzes Leben lang alleine geblieben, bewohnte eine Hütte aus Holz am Rande des Dorfes und war von seinem Wesen her sanftmütig und gut. Es hatte von seiner Mutter gelernt, auf die Gesänge der Waldwipfel zu hören und die Gaben der Bäume zu erkennen. Wenn die Menschen des Dorfes Not hatten an Leib und Seele, suchten sie das kleine Waldhaus auf und waren gewiss, dort Trost, Hilfe oder zumindest Zuspruch zu erhalten.

Das Weiblein verließ jeden Tag seine Hütte, um im Wald das Notwendigste für das tägliche Leben zu sammeln und für die Hilfesuchenden, die in der Nacht heimlich an seine Türe klopften, Heilsames mitzubringen. Manche erzählten, die Alte hätte geheime Kräfte und die Waldzwerge und Geister der Bäume seien ihre Berater. Die Frauen und Männer pilgerten trotzdem gerne an den Waldesrand zu der Waldfrau. Aber sie

kamen heimlich und in der Nacht. Fast ein Menschenleben lang war das so und niemand fragte nach Veränderungen.

Doch eines Tages brach eine Hungersnot über das Dorf herein, der Fluss trat über das Ufer und vernichtete die Ernte, Mütter starben bei der Geburt ihrer Kinder, die Menschen stritten und haderten mit sich und dem Schicksal. Als die Not und die Furcht vor dem Künftigen fast unerträglich wurde, richtete sich eines Tages der ganze Zorn und die ganze Wut der Verzweiflung gegen das Waldweiblein. Niemand im Dorf und niemand in der Welt konnte sagen, wie das gekommen war. Es geschah selbstverständlich und unerklärlich, wie der Wille Gottes oder das Werk des Teufels.

In letzter Minute gelang dem Weiblein die Flucht vor der Meute in den Wald. Dort fühlte es sich beschützt und sicher. Der Wald und das Weiblein lebten, so lange es sie gab, in gegenseitiger Achtung und Bewunderung und boten einander Schutz. Jeder auf seine Art: Die Bäume wussten, würde des Waldweibleins Seele untergehen, hätten auch die Bäume kein langes Leben mehr. So kämpften sie gemeinsam gegen eine blinde und ungerechte Meute, die nach Rache suchte, dort wo es doch gar keine Schuld gab.

Das Weiblein lief auf seiner Flucht immer weiter und tiefer in den Wald, die Bäume beschützten es immer verzweifelter mit ihren Ästen und der Wind führte die Hunde auf eine falsche Fährte. Doch irgendwann sank die Gejagte erschöpft am Stamm einer alten Fichte nieder und beschloss, sich hier endgültig ihrem Schicksal zu ergeben. All das Rauschen der aufgeregten Bäume nützte nichts und der Wind konnte die Hunde nicht mehr täuschen. Zudem war es mitten am Tag und die Sonne erhellte unerbittlich auch die dunkelsten Winkel des Waldes, sodass es nur eine Frage der Zeit war bis das Weiblein entdeckt würde. Doch die Geister in den Bäumen und die Waldzwerge und alle Bewohner des Waldes waren fest dazu entschlossen, die Alte niemals dieser ungerechten Meute auszuliefern. Denn sie wussten, dass das auch ihr Ende bedeuten würde.

In der größten Verzweiflung riefen die Geister des Waldes ihre Verbündeten zu Hilfe und es erschienen die Sonne, der Wind und die Nacht. Die Sonne sendete ihre heißesten Strahlen zur Erde und entfachte damit im trockenen Waldboden ein Feuer. Der Wind trieb das Feuer der jagenden Meute entgegen und machte damit die Verfolgung des Waldweibleins fast unmöglich. Doch besonders Zornige durchbrachen die Feuerwand und verfolgten die Unschuldige mit noch größerem Grimm. Als sie dem Weiblein schon ganz nahe waren und sein Ende greifbar wurde, öffnete sich plötzlich der Berg und schickte große Mengen von Schutt und Felsen ins Tal. Der Wald, der das Dorf und seine Menschen seit Jahrhunderten beschützte, hatte angesichts der bösen Kräfte in der Menschenmeute seine schützende Macht verloren. Er konnte dem Berg nicht standhalten und unzählige Bäume stürzten mit dem Geröll in die Tiefe und begruben mit tosendem Gebrüll das Dorf unter sich. Viele der Verfolger und Bewohner des Dorfes starben. Doch die anderen, die mit dem Leben davongekommen waren, wurden nur noch unerbittlicher in ihrem Kampf gegen das Weiblein.

Da geschah mitten am hellen Tag etwas Unglaubliches. Der Wind war plötzlich still geworden und eine tiefe Finsternis zog über den Wald.

Diese blauschwarze Nacht war undurchdringlich und kalt. Die

Verfolger meinten, das jüngste Gericht wäre gekommen, hielten nun endlich in ihrem bösen Treiben inne, sanken in die Knie und erkannten schlussendlich ihre Ungerechtigkeit. Sie gelobten, ihr unheiliges Tun zu beenden. Bald danach erleuchtete an jener Stelle, wo die Sonne war, ein glühender

Feuerball den Himmel. Für einen Moment schien es, als würden sich Sonne und Nacht vereinen.

Langsam erwachte die Welt darauf wieder zu neuem Leben und neuem Licht. Dieses Licht zeigte deutlich die Wunde im Berg, die das Geschehen hinterlassen hatte. Die Menschen im Dorf beklagten ihre Toten und beweinten ihre eigene Grausamkeit. Sie machten sich daran, in Demut ihr Dorf neu zu errichten. Und zwar genau auf jenem Erdkegel, den der Berg bei seinem Abgang ins Tal getrieben hatte. Sie lebten von jenem Tage an mit der Gefahr, aber auch mit der Erinnerung an ihre eigene Fehlbarkeit.

Das Waldweiblein ward niemals wieder gesehen und niemand kennt sein Schicksal. Es muss wohl noch immer umherstreifen, da sein Leben untrennbar mit dem des Waldes verbunden ist und dieser üppiger und grüner denn je die Hügel und Berge unseres Landes bedeckt. Die Menschen im Dorf sind heute froh, dass der Wald das unschuldige Weiblein mit all seiner Kraft beschützt hat und damit die Häscher wenigstens vor der Schuld dieses Mordes bewahrte.

Auch wenn das Waldweiblein niemals wieder gesehen wurde, lebt es fort in den wunderlichen Geschichten, welche die Menschen der Gegend zu erzählen wissen.

Und wer im Land des Grimmel den Blaubach findet, der kann sogar noch heute sehen, wie sich am Tag der großen Sonnenfinsternis das Feuer und die Nacht vereinten. Schwarzblau schimmern die Wasser dieses Baches, der am Platz des seinerzeitigen Unglücks aus dem Berg tritt.
Den Menschen ist diese Stelle Erinnerung und Mahnung, dass der Wald diejenigen beschützt, die freundlich mit ihm umgehen. Manchmal, wie in unserer Geschichte, schützt er sogar vor der eigenen Torheit.

Hermine Wittmann

Die Geschichte, wie das Rehkitz zu seinen weißen Flecken kam

In früheren Zeiten war es vielerorts üblich, dass ein junges Brautpaar die Erlaubnis zur Hochzeit erst dann erhielt, wenn es eine gewisse Anzahl an neu gepflanzten, grünenden „Heiratsbäumen“ vorweisen konnte. Wenn die jungen Bäumchen gut gediehen, galt dies als Zeichen dafür, dass das Paar wahrhaftig füreinander bestimmt war und ihr Eheleben von Glück und Kindersegen begleitet sein würde.
Von einem solchen Brautpaar erzählt diese Geschichte.

Die beiden hatten sich fürs Leben gefunden und wollten nichts sehnlicher, als vor Gott und der Welt als eins zu gelten. Sie waren so bitterarm, dass es ihnen nicht und nicht gelingen konnte, auch nur eine geringe Anzahl von Heiratsbäumen zu beschaffen.

Sie sparten sich jeden Taler vom Munde ab, flehten in ihren Gebeten immer inniglicher zum Himmel und beschworen sogar die Geister des Waldes. Doch nichts wollte gelingen und niemand wollte sie erhören.

Da wendeten sie sich in ihrer größten Verzweiflung an den jungen Herren ihres Landes und baten ihn, bei der Beschaffung der Heiratsbäume behilflich zu sein.

Dieser überlegte nicht lange und bot an zu helfen. Doch bedingte er für seine Hilfe auch eine Gegenleistung aus, und die war folgende:

Der junge Herr erwartete Gäste zur Jagd. Da er über Zeiten zu eifrig die Jagdkunst ausgeübt hatte, waren seine Reviere leer und kaum mehr Jagdbares vorhanden. Deshalb verlangte er von der Braut als Gegenleistung das Rehkitz, das sie vor nicht all zu langer Zeit verletzt im Wald gefunden und zu sich nach Hause genommen hatte. Das Mädchen hatte das Tier mit aller Liebe gehegt und gepflegt und hing deshalb mit ganzem Herzen an dem kleinen Kitz.

Es fiel der Braut unendlich schwer, dem Wunsche des jungen Herren zu entsprechen. Doch als sie in die Augen ihres Bräutigams sah und seine tiefe Liebe spürte, gab sie schweren Herzens das Rehkitz frei. Der junge Herr erfüllte darob pünktlich sein Versprechen und ließ für das junge Paar die schönsten Heiratsbäume pflanzen, die im ganzen Land zu finden waren. Da die Bäume auch aufs prächtigste gediehen, stand der Heirat nun nichts mehr im Wege und der Tag der frohen Hochzeit nahte. Es war gleichzeitig auch der Tag der Herrenjagd.

Als das Brautpaar gerade vor den Altar trat, um sich ewige Liebe und Treue zu schwören, hörten alle im Kirchenraum ein klägliches Jammern. Das Rehkitz schleppte sich schwer verwundet mit allerletzter Kraft zu den Füßen der Braut und blieb dort regungslos liegen. Die Braut erschrak entsetzlich und beugte sich in tiefem Weh zum Rehkitz hin, um es hochzuheben. In diesem Moment lösten sich aus ihrem weißen Rosenstrauß einige Blätter und fielen in die tiefen Wunden des Tieres. Die Rosenblätter verschmolzen sanft mit dem seidigen Fell und kühlten die klaffenden Wunden.

Gerade als die Braut das verletzte Tier fest an sich drückte und viele heiße Tränen über ihr Gesicht rannen, flog das schwere Tor der Kirche tosend auf und der junge Herr stand außer Atem vor der Hochzeitsgesellschaft. Als er aber das weinende Mädchen mit dem Rehkitz im Arm erblickte, rührte ihn das Mitleid so tief, dass er sich still umdrehte, die Kirche verließ und die Jagd beendete.

Niemand weiß bis heute genau, wie das Rehkitz den Weg zur Kirche fand. Überliefert ist nur, dass das Tier wieder gesund wurde und noch lange bei dem jungen Paare lebte und sogar noch ein sanfter Spielgefährte ihrer Kinder wurde. Als das Reh nach langer Zeit starb, ließen sie ein Modell aus Holz anfertigen, das genau die Größe und das Aussehen des Tieres hatte, und stellten es zur Erinnerung in ihrem Garten auf.

Bis heute erzählen sich die Leute, dass die Wunden des Tieres unglaublich schnell verheilten und danach die weißen Flecken verblassten, die die weißen Rosenblätter im Fell hinterlassen hatten. Von jenem Tag an kamen alle Rehkitze mit weißen Tupfen auf dem Rücken zur Welt. Sie erinnern damit noch heute an das Glück junger Bräute an ihrem Hochzeitstag und sind Symbol der Liebe von Tier und Mensch.

Die Erlaubnis zur Heirat hängt heute zwar nicht mehr vom Setzen und Pflegen von „Heiratsbäumen" ab. Der Brauch, am Tag der Eheschließung gemeinsam einen Baum zu pflanzen, lebt vielerorts noch heute weiter.

Einen Baum zu setzen heißt nämlich, hoffnungsvoll in die Zukunft zu blicken und an sie zu glauben. Es bezeichnet den Willen, der nächsten Generation ihr Erbe zu sichern und für sie die Basis zum Glück zu pflanzen.

Hermine Wittmann

Das Märchen von den Nadelzwergen

Es war einmal ein Bauer. Dem gehörte neben einem Bauernhof mit vielen Tieren auch ein Wald. Diesen Wald pflegte der Urgroßvater des Bauern in mühevoller Arbeit seit vielen Jahren. Mitten durch diesen Wald floss ein breiter Bach. Weil es damals so üblich war, hatte der Urgroßvater des Bauern auf der einen Seite des Baches lauter Nadelbäume und auf der anderen Seite lauter Laubbäume gepflanzt. Der Bauer freute sich jedesmal, wenn er in seinem Wald unterwegs war.

Der Bauer wusste aber nicht, dass in seinem Wald Zwerge wohnten. Im Nadelwald auf der einen Seite des Baches war das Reich der Nadelzwerge. Diese Zwerge waren sehr klein, hatten eine spitze Nase und auf dem Kopf einen ganz spitzen Hut. Sie wohnten in kleinen Hütten aus alter Baumrinde nahe bei den großen Wurzeln der Bäume. Für die Nadelzwerge waren die Nadelbäume daher lebenswichtig.

Leider war durch die vielen Nadeln der Waldboden im Nadelwald schon ziemlich sauer geworden. Viele Tiere, die früher im Boden gewohnt hatten, fühlten sich nicht mehr wohl und zogen fort. Auch die Zwerge waren schon ziemlich sauer. Nur die Nadelzwergprinzessin, die wunderschöne Tochter des Nadelzwergkönigs, war noch lustig aufgelegt. Da sie neugierig war, wollte sie unbedingt wissen, was es auf der anderen Seite des Baches zu erforschen gab. Das Gewässer war aber so breit und tief, dass sie nicht hinüberspringen konnte.

Eines Tages entdeckte die Prinzessin auf der anderen Seite des Baches einen Zwerg mit einem grünen Gesicht.

„He, du da drüben!
Bist du ein Gartenzwerg?“

rief sie hinüber.

„Die ist aber frech!“

dachte der Zwerg am anderen Ufer.

Er war nämlich der Sohn des Königs der Laubzwerge, ein echter Laubzwergenprinz! Gerade wollte er ihr antworten, da war sie schon wieder weg.

Die Laubzwerge waren im Gegensatz zu ihren Kollegen auf der anderen Bachseite noch immer ein sehr lustiges Volk. Sie nützten jede Gelegenheit um ein Fest zu feiern. Aber trotzdem fehlte ihnen etwas. Sie hatten keine Nadeln – keine Baumnadeln, keine Nähnadeln, keine Stricknadeln, keine Stecknadeln,….!!

Eines Nachts kam ein so starker Sturm auf, dass sich die Bäume bogen. Die Zwerge flüchteten alle in die jeweiligen Königspaläste, die unter der Erde lagen. Dort waren sie einigermaßen sicher und es konnte keiner von herunterfallenden Ästen oder umstürzenden Bäumen erschlagen werden. Als der Sturm wieder vorbei war, wurden sofort die Schäden besichtigt. Auf beiden Seiten des Baches waren ein paar alte Bäume umgestürzt und einer lag genau über dem Bach.

Der Prinzessin blieb dies natürlich nicht lange verborgen und so kletterte sie neugierig auf die andere Seite des Baches hinüber. Plötzlich stand der Prinz vor ihr und vor lauter Schreck wäre sie fast in den Bach gefallen.

„Hab ich dich erwischt!“, wollte der Prinz gerade sagen, doch die Worte blieben ihm im Hals stecken. So ein schönes Wesen hatte er nämlich noch nie vorher gesehen! Da auch er ihr gefiel, verliebten sie sich ineinander und beschlossen bald zu heiraten.

War das eine Aufregung! Der Baum über dem Bach wurde zu einer Brücke umgebaut und eine große Hochzeit gefeiert. Die Laubzwerge bekamen allerlei Nadeln geschenkt und die Nadelzwerge eine Laubsäge.

Eines Nachts erschien dem Bauern im Traum das frisch vermählte Hochzeitspaar und bat ihn, ab sofort auf beiden Seiten des Baches Nadel- und Laubbäume gemischt zu setzen. Er tat dies dann auch und so konnten die Nadel- und Laubzwerge auf beiden Seiten des Baches zusammen wohnen.

Wenig später kamen die Bodentiere zurück, denn der Boden war durch die modernden Blätter angenehm weich. Die Nadelzwerge fanden wieder zu ihrer Fröhlichkeit zurück. Und der Bauer freute sich sehr, dass seine Bäume nun viel besser wuchsen und dadurch unempfindlicher gegenüber Gefahren waren.

Vielleicht, wenn ihr Glück habt und leise durch einen Wald geht, kann es sein, dass euch ein Zwerg über den Weg läuft. Ihr wisst ja schon, wie sie sich unterscheiden. Die mit der spitzen Nase und dem spitzen Hut sind die *...zwerge* und die mit dem grünen Gesicht sind die *...zwerge.*

Robert Welser

Wie Pipico ein verletztes Reh fand

Es war einmal ein wunderschöner, dichter Wald. Im ersten Moment sah er aus wie alle anderen Wälder auch. Doch wenn man genau hinsah, war er sehr geheimnisvoll. An manchen Abenden, wenn die Sonne bereits im Untergehen war, konnten besonders feinfühlige Menschen ein buntes Treiben im Wald beobachten. Dann gaben sich manche Bewohner des Waldes, welche meist unsichtbar sind, zu erkennen. Nun wirst du fragen: „Was für Bewohner?“ Es handelt sich um ein Zwergenvolk, das seit langer Zeit auf dem Berg und in eben diesem Wald ansässig ist.

Einer der wenigen Menschen, die mit den Zwergen Freundschaft geschlossen hatten, war ein alter Jäger. Er hieß Hubert und seit vielen Jahren kümmerte er sich um das Wild. Er beobachtete die stolzen Hirsche und ganz oben am Gipfel des Berges die Gämslein bei ihren Spielen im Schnee. Natürlich musste er manchmal eines der Tiere erlegen, da der Wald nur eine gewisse Zahl an Blattessern verträgt und um Krankheiten zu minimieren. Dies tat er mit Bedacht und Würde, da er die Tiere mochte. Da die Zwerge wussten, dass Hubert, der den ganzen Tag allein im Wald verbrachte,

nicht sehr gesprächig war und Geheimnisse bewahren konnte, vertrauten sie ihm.

Die erste Begegnung Huberts mit dem Zwergenvolk lag bereits viele Jahre zurück. Nach einem langen, kalten Winter schritt der Grünrock erstmals über den kleinen schmalen Waldsteig hinauf zum Gipfel des Berges. Über den Frühling erfreut, pfiff er leise vor sich hin und blieb von Zeit zu Zeit stehen, um die gute Luft tief einzuatmen. Er dachte an die Gämsen da oben, wie sie wohl den harten Winter überstanden hatten. Bei jedem Schritt bewegte sich der Gamsbart auf seinem alten Jägerhut im Takt und sein Hund, der brav an der Leine nebenherging, schien sich genauso über den nahen Frühling zu freuen. Als Hubert wieder einmal stehen blieb und seinen Hut hochhob, um sich den Schweiß von der Stirne zu wischen, hörte er plötzlich hinter sich eine leise Stimme.

„Grüß dich, Hubert", sagte jemand.
„Ich bin Pipico, der Waldzwerg, und beobachte dich schon lange."

„Wieso kennst du meinen Namen?", fragte der alte Jäger überrascht. Ohne Zweifel, Hubert hatte sich sehr erschreckt, als er so plötzlich angesprochen wurde. Glaubte er doch, ganz allein zu sein.

„Wir folgen dir oft und wissen fast immer, wo du gerade bist", sagte Pipico.

Langsam erhob sich das Zwerglein hinter dem Baumstumpf, wo es saß und trat auf Hubert zu. Nun sah ihn auch der Jäger. Er konnte kaum glauben, einen der Zwerge vor sich zu haben, über die man so viel phantasierte. Wäre Hubert jünger gewesen, hätte er wohl beim Anblick Pipicos vor Begeisterung gejodelt, so lieblich sah der Kleine vor ihm aus. Er war so groß wie ein Gartenzwerg, hatte ganz helles blondes Haar und strahlend blaue Augen. Seine Stupsnase sah frech aus, seine Lippen waren zu einem schelmischen Lächeln geformt und in seinem Mund leuchteten winzige schneeweiße Zähne. Er trug

einen grauen Janker, seine Beine steckten in einer gestickten Lederhose, darunter grüne Stutzen und winzige Bergschuhe. In der einen Hand hielt er einen schwarzen Jagdhut mit einer winzigen Feder, in der anderen einen langen Bergstock.

„*Nun sieh mich doch nicht so an, Hubert*“, sagte Pipico und trat näher. „*Nochmals guten Abend, hier ist meine Hand, damit du endlich glaubst, dass wir beide Freunde sind.*“

Hubert wollte gerade die kleine Hand ergreifen, doch da war der Zwerg bereits verschwunden. Pipico war wie vom Erdboden verschluckt. „Habe ich nun geträumt?“, murmelte Hubert. Dabei fiel sein Blick nochmals auf die Stelle, an der Pipico eben gestanden hatte. Und siehe da, hier lag die kleine Feder von Pipicos Hut.

Der Waidmann freute sich über seinen neuen Freund im Wald.

Als Hubert endlich die Jagdhütte erreichte, die er für die kommende Saison reinigen wollte, traute er seinen Augen nicht. Denn als er die Hüttentüre aufsperrte, kam ihm nicht der übliche muffige Geruch entgegen, wie er alljährlich nach dem Winter in der Hütte herrschte. Eine frisch ausgelüftete Behausung erwartete ihn, alles strahlte und blitzte. Der Küchenherd sah aus wie neu und sogar die Vorhänge vor den kleinen Fenstern waren gewaschen, gebügelt und frisch aufgehängt.

Er rieb sich die Augen. Doch als er sie wieder öffnete, war es Wirklichkeit. Die Hütte sah aus wie neu.

Hubert kochte sich in einem Kessel Tee. Das Wasser musste er nicht wie üblich vom Gebirgsbach holen, da die Wasserbehälter voll waren. Als er es sich am Küchentisch gemütlich machte und gerade Speck aus dem Rucksack holte, hörte er plötzlich ein Rascheln vor der Türe. Er stand auf, trat vor die Türe und sah sich um. Rechts war nichts, links war nichts. Er blieb noch eine Weile stehen und kehrte dann wieder in die Hütte zurück.

Auf der Küchenbank saß Pipico.

„Mein Vater ist der heimliche Herr dieses Waldes", erzählte Pipico während der Jause mit Hubert.

So begann die Freundschaft des Zwergensohnes mit dem alten Jäger.

Eines Tages, es war Anfang Juni, spazierte Pipico vergnügt und lustig durch den Wald. Er pfiff leise vor sich hin und gab mit seinem Bergstock den Takt an. Plötzlich erschrak er. Tief drinnen im Wald war ein schreckliches Klagen zu hören. Er folgte dem traurigen Ton und gelangte schließlich zu einem alten Baumstumpf. Hinter diesem sah er ein winziges braunes Rehkitzlein mit weißen Flecken.

„Das ist ja noch ein richtiges Baby", dachte Pipico, denn er wusste genau, dass die Rehkitze im Mai auf die Welt kommen. Das Kitzlein klagte bitterlich. *„Was hast du denn, mein Kleines?"*, fragte Pipico liebevoll und voller Mitleid.

„Ich bin so traurig", sagte das Kitzlein. „Meine Mami stieg mit ihrem zarten Lauf in eine achtlos weggeworfene Getränkedose und kommt nicht mehr heraus. Das scharfe Metall schneidet eine tiefe Wunde und sie kann die Dose nicht mehr

abstreifen. Mami kann kaum noch gehen.“ Wieder flossen viele Tränen aus den tiefbraunen Äuglein des kleinen Rehs.

„Hab keine Angst, ich helfe euch“, sagte Pipico.

„Aber was willst du denn tun?“, schluchzte das Häufchen Elend.

„Lass mich nur machen. Ich kenne den alten Jäger Hubert. Mein Freund liebt die Tiere. Unnötiges Leid ist ihm zuwider. Er wird euch helfen.“

„Jetzt hör mir gut zu“, sagte Pipico und beugte sich zum Rehkitz. *„Du musst mir versprechen, dass du schön hier auf dieser Stelle liegen bleibst. Ich kann dich sonst nicht wiederfinden. Hast du mich verstanden?“*

„Ja“, schluchzte das Kitz, „ich bleibe hier und warte. Kommst du auch sicher wieder zurück?“

„Ganz bestimmt. Mach dir keine Sorgen und nun hör auf zu weinen. Hier“, Pipico zog aus seiner Hosentasche ein kleines Taschentuch und reichte es dem weinenden Tierchen, *„putz deine Nase.“*

Mit diesen Worten machte sich Pipico wieder auf den Weg um Hubert zu finden. Am Rand einer Lichtung war Hubert damit beschäftigt, einen neuen Hochsitz zu bauen, da der alte vom vielen Schnee schwer beschädigt worden war.

„Huuubert!!“, rief Pipico schon von weitem und hielt sofort den Mund zu, denn es fiel ihm ein, dass man ja im Wald nicht schreien darf.
„Hubert“, flüsterte er, als er den Jäger erreicht hatte, *„ich brauche dich schnell. Im Wald hat sich eine Rehgeiß in einer Getränkedose verfangen und wird jämmerlich verenden. Ihr Kitz klagt so hilflos. Komm schnell!“*

„Nun beruhige dich erst einmal, Pipico, und dann erzähle mir genau, was los ist.“ Pipico setzte sich ins Gras und erzählte

Hubert seine Begegnung mit dem Winzling. „Hm", murrte Hubert, „da wird also mein Hochsitz warten müssen. Lass uns gehen und den beiden helfen."

„Ich wusste ja, dass du ein Freund bist!", strahlte Pipico und lief vor Hubert her, um ihm den Weg zu weisen.

Es dauerte nicht lange, da kamen sie zu dem alten Baumstumpf, bei dem das Kitz gelegen hatte. Doch da war nichts mehr zu sehen. Kein Laut war zu hören.

„Ich verstehe das nicht", sagte Pipico, *„dabei habe ich dem Dummerchen ausdrücklich eingeschärft hier zu warten bis ich wiederkomme."*

„Schau dich um", meinte Hubert, „vielleicht... Doch siehst du nicht? Hinter der kleinen Fichte! Da leuchtet etwas Rotbraunes hervor, das muss dein Kitz sein."

Und wirklich: Pipico ging auf die Fichte zu und sah das Kitzlein ganz zusammengekauert neben seiner Mutter liegen. Beide zitterten vor Angst.

„Du brauchst doch keine Angst zu haben", sagte Hubert und beugte sich nieder. Er untersuchte behutsam den verletzten Lauf.

„Schweinerei!", schimpfte er und stand auf. „Ich werde dich und dein Kleines zu mir nach Hause nehmen und gesund pflegen. In einigen Wochen bist du wieder ganz in Ordnung."

„Siehst du, kleines Kitzlein", sagte Pipico, *„ich habe dir ja gesagt, dass du dich auf meinen Freund Hubert verlassen kannst. Es wird dir sicher sehr gut gefallen bei ihm und er passt gut auf euch auf."*

Hubert nahm die kranke Rehgeiß auf den Arm und sein Kitz zappelte hinterher. Von Zeit zu Zeit sah es sich nach Pipico um, der noch immer an derselben Stelle stand und seinen Freunden zuwinkte. Das Kitz blieb stehen und wackelte mit seinem braunen Köpfchen um sich nochmals zu bedanken.

„Ich komme euch bald bei Hubert besuchen!", rief Pipico noch, dann sah er den Jäger mit seinen Schützlingen nicht mehr. *„Ach, das war ein wunderschöner Tag"*, dachte Pipico. *„Ich konnte ihnen helfen. Was hätte wohl das kleine Reh gemacht, wenn es mich nicht getroffen hätte?"*

In Gedanken bei Hubert machte sich Pipico auf den Heimweg, und er konnte es kaum erwarten, sein spannendes Erlebnis den Eltern zu erzählen.

Livia Colloredo-Mannsfeld

Wie Max den Wald kennen lernte

Es war ein schöner Frühlingstag. Max saß vor dem Computer-Bildschirm. Die Spielkonsole auf den Knien, den Kopf starr geradeaus gerichtet, Augen und Finger rasend schnell – Action pur, volle Konzentration! Doch dann wanderte sein Blick, wie von einer unsichtbaren Kraft gezogen, zum Fenster. Der Baum, der davor stand, trug sein üppiges Grün zur Schau, und seine Zweige wogten im Wind. Max konnte nicht aufhören hinzuschauen. Seine Arme hingen entspannt neben seinem Körper und er begann mit offenen Augen zu träumen.

Max stand mitten im Wald. Uralte Fichten ragten neben ihm in die Höhe. Vor ihm lag eine Lichtung mit einem kleinen Bach, vielen blühenden Blumen und noch mehr Insekten. In einem Strauch saß ein Vogelpärchen. Doch irgendetwas stimmte da nicht. Max fühlte, wie sich langsam eine Gänsehaut auf seinem Körper ausbreitete. Es war mucksmäuschenstill – kein Rauschen, kein Säuseln, kein Rascheln, kein Zwitschern, kein Summen, kein Brummen. Es roch nach nichts, er spürte nichts und alles war grau in grau.

Schon wollte er anfangen laut zu schreien, da tauchte eine wunderschöne Frau vor ihm auf. Sie trug ein buntes Gewand und duftete nach Maiglöckchen. Als sie ihm lächelnd die Hand entgegenstreckte, klingelten hunderte winzige Glöckchen. Sie sagte: „Ich bin Vivaria, die Naturfee. Ich erfülle mein Reich mit Licht, Farben, Tönen und Düften. Aber der böse Zauberer Atronius hat mir meine Macht geraubt. Wirst du mir helfen, sie wiederzugewinnen? Es wird für dich ganz einfach sein!"

Max zögerte nicht lange und willigte ein. Vivaria führte ihn zu einem riesigen fensterlosen Würfel aus Beton. In seinem Inneren war es stockdunkel und still. „Hier hinein hat Atronius alles verbannt, was die Natur lebendig macht", flüsterte die

Fee. „Male dir nun in deiner Fantasie aus, was das alles sein könnte. Denk ganz fest daran!“

Max stellte sich die schönsten Dinge vor, verlor jede Angst und begann im Dunkeln vor sich hinzulächeln. Plötzlich zuckten grelle Stromblitze auf, er hörte ein furchtbares Grollen, lautes Zischen und über all dem Vivarias helle Stimme: „Zu spät, Atronius! Zu spät! Er hat alles in seinem Gedächtnis und in seinem Herz gespeichert.“

Es wurde langsam hell um Max und er stand genau an der Stelle im Wald, an der er Vivaria getroffen hatte. Alles war verändert. Er genoss die Wärme der Sonnenstrahlen und den sanften Hauch des Windes auf seiner Haut. Er hörte das Bächlein murmeln und das Vogelpärchen zwitschern. Er atmete den Duft der Blumen ein und freute sich über ihre Farbenpracht. Dann legte er sich mitten auf der Lichtung in die Wiese, schaute den Wolken bei ihrer Reise über den Himmel zu und schlief glücklich ein. In seinem Zimmer wachte er wieder auf. Es war dämmrig, der Rechner summte leise und der Bildschirm sandte ein paar Farbsignale aus. Rasch schaltete Max die Geräte ab und ging hinunter ins Wohnzimmer.

Für das Spielen und Surfen am Computer, überhaupt für all seine elektronischen Begleiter, hat er jetzt nur noch am Abend oder bei Schlechtwetter Zeit. Denn es zieht ihn oft in den Wald.

Jedes Mal fallen ihm neue Spiele und Beschäftigungen ein. Er kann laufen, sich austoben, nachdenken…, allein, mit Freunden oder Eltern.

Von Vivaria und Atronius hat er aber niemandem auch nur ein Sterbenswörtchen erzählt. Er glaubt schließlich nicht an Märchen, oder?

Georg Erlacher

Die verlorene Gerechtigkeit

Es war einmal ein prächtiges Schloss in gar nicht fernen Landen. Dieses thronte einsam zwischen weiten Wäldern und tiefen, glänzenden Seen. Die Menschen, die dort lebten, hatten eine Seele, die war so tief wie ihre Wasser und so weit wie ihr Land. Später einmal war in Büchern zu lesen, dass dies ein Ort der Mystik und der Märchen sei. Zuallererst aber war es ein Ort der Gerechtigkeit. Das Adelsgeschlecht, das dort seit Generationen lebte, war auserkoren, dem Kaiser zu dienen und sein Volk zu lieben mit aller Kraft, die den Gerechten innewohnt.

Die Kunde von diesem Schlosse, wo die Gerechtigkeit wohnte, verbreitete sich überall in der Welt wie ein Orkan. Denn die Menschen sehnten sich mürbe von Kriegen und Entbehrungen nach Ruhe, Ordnung und Verweilen. Für all das erkannten sie die Gerechtigkeit als wahren Quell. Aus aller Herren Länder – selbst aus dem fernen Morgenlande – wurden Abgesandte geschickt, um diese so begehrte Gerechtigkeit zu lernen. Doch da das prächtige Schloss fernab im tiefen, weiten Walde lag, war es auch sehr, sehr schwer zu finden.

Mancher, der die Gerechtigkeit am dringendsten brauchte, irrte sein Leben lang durch den finstren Forst und fand den Ort der Erlösung nie. Andere wiederum gingen zwar in die richtige Richtung, kamen aber irgendwann vom rechten Wege ab, weil ihnen dieser doch zu mühsam schien.

Dabei brauchte diese Welt so dringend Gerechtigkeit. Denn sie drohten im Chaos des Krieges und im Zwist der Menschen unterzugehen.

Über Tage, Monate und Jahre hindurch beobachteten die Bewohner des Waldes dieses Treiben und waren sehr traurig darüber, dass es kaum einem Menschen gelang, an diesen Ort der Gerechtigkeit vorzudringen. Da beschlossen die Waldbewohner, den suchenden und herumirrenden Menschen zu helfen. Die Waldvögel sangen ihre schönsten Lieder, der Hase schlug seine hervorragendsten Haken und der Fuchs legte seine findigsten Fährten. In dem tiefen Wald mit dem prächtigen Schloss wohnte auch ein besonders freundliches Volk von Waldzwergen. Jenes Völkchen war bekannt dafür, besonders fleißig, klug und warmherzig zu sein. Dieses Waldzwergenvolk erkannte vor allen anderen, dass die Menschen den Weg zur

Gerechtigkeit kaum alleine finden würden und bot deshalb aus ganzem Herzen seine Hilfe an.

Die Waldzwerge setzten überirdische Zwergenkräfte in ihrem Bestreben zu helfen ein. Manche vergaßen in ihrem Eifer sogar zu essen, zu trinken und zu schlafen. Andere Waldzwerge zeichneten in ihrer Verzweiflung den Menschen die Wege zur Gerechtigkeit sogar mit ihrem eigenen Herzblut vor und opferten damit ihr Leben. Die kleinen Geister setzten ununterbrochen unübersehbare Zeichen in die Natur. Doch die Menschen konnten diese Zeichen nicht erkennen. Offenbar hatten sie im Laufe der Jahrhunderte verlernt, die Sprache der Natur und der Waldzwerge zu verstehen.

Und so kam ein Zwerg nach dem anderen zu Tode und die Suche der Menschen nach Gerechtigkeit und Frieden wurde gleichzeitig immer verzweifelter und dringlicher. Als nur noch ganz wenige aus dem Volk der Waldzwerge übrig waren, beschloss ein mächtiger Zauberer, diesem Trauerspiel ein Ende zu setzen und die Menschen für ihre gefühllose Blindheit zu bestrafen. Er ließ die kleinen Waldzwerge zu Stein erstarren, um wenigstens einige von ihnen zu retten. Die Menschen aber sind auf dem Weg der Gerechtigkeit seit damals auf sich gestellt.

Seit dieser Zeit stehen die steinernen Waldzwerge in den Kellergewölben des prächtigen Schlosses – gleichsam als Mahnmal des Friedens und der Gerechtigkeit für die

Menschen. Sie warten dort auf ihre Erlösung. Der Zaubermeister hatte nämlich beschlossen, den Waldzwergen ihr altes Leben wiederzugeben, wenn die Menschen die Gerechtigkeit als Weg zum Frieden erkannt hätten.

Manchmal im Sommer ist das Schloss, welches heute Greillenstein genannt wird, erfüllt von den Klängen der schönsten Musik, vom Schein der Kerzen zu Mitternacht oder an anderen Tagen vom Lachen der Kinder. Wenn dann die tiefe Liebe und der Frieden in den Gemäuern einkehrt, kann man aus dem Keller des Schlosses ganz leise ein Raunen hören. Ganz so als ob die versteinerten Waldzwerge jeden Augenblicke zum Leben erwachen und Hoffnung schöpften für diese, unsere Welt.

Hermine Wittmann

Der Zahlenmann und der alte Specht

Es war einmal in einem Land zwischen gestern und heute, in einer Zeit genau zwischen hier und anderswo. Da lebte der Zahlenmann. Niemand wusste wie er wirklich hieß und – vor allem – wer er wirklich war. Der Zahlenmann lebte nämlich sehr zurückgezogen direkt unter dem Dach eines großen Hauses, umgeben von einer riesigen Menge von Büchern, in denen viele Zahlen standen. Er, der Zahlenmann, hätte sicherlich ganz genau gewusst, wie viele Bücher und Zahlen es exakt waren und wie viele Menschenschicksale darin aufgelistet wurden. Für Leute wie dich und mich waren es einfach unzählig viele.

Ob der Zahlenmann jemals glücklich war, weiß wohl niemand mit Sicherheit zu sagen. Nur eine einzige Geschichte wissen wir von ihm, und diese sei hier erzählt:

Es war wohl im 40sten Jahr seines Lebens, da wurde der Zahlenmann zum König gerufen. Wichtige Besucher aus den

Nachbarländern hatten sich angesagt, da für die Königstochter die Zeit gekommen war, einen Gemahl auszuwählen. Deshalb sollten überall aus dem ganzen Land die Kostbarkeiten herbeigebracht werden, damit die Mitgift für die Prinzessin besonders prächtig ausfalle.

Der Zahlenmann wurde damit beauftragt, alle Schätze genau zu registrieren und zu verwahren. Das tat er mit seinem besonderen Eifer und Genauigkeit. Nicht nur, dass er jede einzelne Unze Gold aus den Bergwerken exakt erfasste und jeden auch noch so winzigen Edelstein. Nein, selbst der Gärtner musste alle Kieselsteine auf den verschlungenen Wegen des Schlossparks genau zählen und der Koch jedes einzelne Zuckerkorn in der Zuckerdose.

Da die Arbeit den Zahlenmann ganz und gar beanspruchte und seine Anwesenheit nunmehr ständig erforderlich war, zog er aus seiner Wohnung unter dem Dach bald aus und übersiedelte direkt ins Schloss – in die Nähe der Prinzessin.

Im Schloss herrschte große Hektik in der Vorbereitung und der Erwartung des Kommenden. Nur wenn die Prinzessin auf ihrer Harfe spielte und die Klänge einer zauberhaften Melodie durch die Gemäuer schallten, hielten die Eilenden beglückt inne und lauschten – so auch der Zahlenmann.

Dann vergaß er bald die Töne der Melodie zu zählen, die aus dem Zimmer des liebreizenden Mädchens kamen.
Nur manchmal zählte er die raschen Schläge seines eigenen Herzens, wenn er ihren Liedern lauschte.

Sah er sie, so wusste er immer die Zahl ihrer Atemzüge zwischen ihren Wimpernschlägen und wie oft sie zu ihm herüber gelächelt hatte. Manchmal wollte er nur sanft über ihr Haar streichen, ohne auch nur ans Zählen zu denken.

Vor dem Fenster der Prinzessin stand eine alte Fichte, die bereits morsch und sehr brüchig war. In diesem Baum wohnte ein alter Specht mit seiner Familie. Der Vogel war ein fröhlicher Geselle und deshalb schlug er gerne den Takt zum Spiel der Prinzessin.

Manchmal, wenn die Königstochter traurig war, klopfte der freche, kleine Specht noch kräftiger an den Stamm der alten Fichte als sonst. So, als wollte er sagen: „Sei nicht traurig, liebe Prinzessin, sondern nimm deine Harfe und spiele mit mir."

Dann schlug der Specht den Takt und die Prinzessin spielte ihre schönste Melodie dazu.

Doch eines Tages wurde alles anders. Der Zahlenmann hatte absolut alles gezählt, was es im Land zu zählen gab, und

genauestens registriert. Als nächsten Schritt ging er nun daran, alles scheinbar Wertlose zu entfernen. Also begann er damit, die Eselsohren aus den Büchern schneiden zu lassen, und endete damit, dem Donner das Grollen zu untersagen. Natürlich musste auch die alte, morsche Fichte unter dem Fenster der Prinzessin weichen.

Als der Specht von einem seiner Rundflüge zurückkehrte, fand er den alten Baum, in dem seine Wohnung war, am Boden liegend und seine Familie darin tot.

Der Specht war darob blind vor Wut und Trauer und schwor sich, niemals wieder einen Schlag zu tun. Also musste die Prinzessin von diesem Tage an alleine musizieren. Doch das bereitete ihr von Mal zu Mal weniger Freude.

Die Tiere des Waldes hatten Mitleid mit der lieblichen Prinzessin. Sie vermissten die menschlichen Klänge aus dem

Schlosse sehr, wenn sie abends am Waldesrande saßen und in die Stille lauschten. Deshalb flehten sie den Specht an, wieder mit der Königstochter gemeinsam zu musizieren.

Doch dieser blieb stumm. Die Prinzessin verfiel immer mehr in Trübsinn und Traurigkeit. Sie aß nichts mehr, sie sprach nichts mehr und weinte nur noch vor sich hin.

Da beschworen die Tiere den Specht abermals, doch Erbarmen zu haben. Voll Gram und Trotz verweigerte er sein Spiel. Da er andererseits die schöne Prinzessin sehr liebte, bescherte ihm ihr Schmerz noch größere Verzweiflung und Zorn. Und obwohl er es kaum noch ertragen konnte, rief er: „Niemals, niemals werde ich wieder schlagen, außer es schneit im August oder der Zahlenmann vergießt eine Träne."

Da alle, die Tiere des Waldes und die Menschen im Schloss, der festen Überzeugung waren, dass es eher im August schneien als dass der Zahlenmann jemals eine Träne vergießen würde, griffen sie zu einer List.

Weil es gerade August war, stellten sich der Koch und sein Gehilfe auf das Dach des Schlosses und streuten Mehl und Zucker vor das Fenster, auf dessen Gesims der alte Specht saß. Die Tiere des Waldes riefen:

„Schau, lieber Specht, es schneit! Und jetzt ist es August!"

Doch der Specht durchschaute die List und schmollte weiterhin. Die Prinzessin hingegen wurde immer schwächer und schwächer.

Da stellte sich der Gärtner mit seinem Gehilfen auf das Dach des Schlosses und ließ weiße Rosenblüten herunterfallen. Die Tiere des Waldes riefen:

„Schau, lieber Specht, es schneit! Und jetzt ist es August!"

Doch auch diesmal durchschaute der Specht den Schwindel. Die Prinzessin wurde indessen immer schwächer.

Verzweifelt versuchten die Tiere des Waldes den Specht zum Schlagen zu überreden. Und die Menschen kämpften verzweifelt, die Prinzessin am Leben zu halten. Doch alle Bemühungen halfen nichts und das schöne Mädchen starb.

Als der Klang der Glocken den Tod der Prinzessin verkündete, ging ein großes Schaudern durch das ganze Land.

Da quoll aus dem Auge des Zahlenmannes eine Träne. Sie rannte über sein Gesicht und landete leise und sanft in seinem großen Buch, wo sie einen unübersehbaren Fleck hinterließ: Sie war das einzige sichtbare Zeichen seiner großen Liebe zur Prinzessin.

Niemand außer dem Specht hatte diese Träne gesehen. Er empfand Mitleid mit dem Zahlenmann, da nun auch dieser sein Liebstes verloren hatte.

Der Specht wusste wie unendlich Traurigkeit sein kann und beschloss von nun an, der Welt wieder seinen Takt zu geben.

Doch sein Trommeln war von da an ein anderes – nicht mehr regelmäßig, ruhig und in gleichen Abständen wie zuvor. Der Specht hatte gelernt, auf das, was um ihn herum geschah, Acht zu geben. Deshalb hält er bis heute zwischen den festen, meist rasch aufeinander folgenden Schlägen immer wieder inne, um aufzuhorchen und herumzuschauen. Der Zahlenmann wies alle Forstleute an, da und dort hohle Bäume für den Specht stehen zu lassen. Und das tun sie immer noch.

Hörst du im Wald den Specht trommeln, so erzählt er vielleicht gerade die Geschichte vom Zahlenmann.

Hermine Wittmann

Der Fürst der Wälder

Es war einmal ein stilles Land in unendlich fernen Zeiten, das verfügte über unschätzbaren Reichtum. Dieser bestand jedoch nicht aus Edelsteinen und Gold, nicht aus Myrrhe und auch nicht aus weißem Alabaster. Die Edelsteine hätten die Damen des Landes doch sehr bald zu prachtvollen Ketten und Diademen verarbeiten lassen. Das Gold hätten die Herren des Landes bald für ihre Kriege verwendet und die Myrrhe hätten die Heiligen Drei Könige insgesamt mit ins Morgenland genommen. Nein, nein, der Reichtum, den ich meine, ist ein ewiger, ein unerschöpflicher und unauslöschlicher, allerdings nur solange er mit Liebe gehegt und gepflegt wird. Seine Vermehrung ist so unfassbar wie ein Perpetuum mobile und so sicher wie das Amen im Gebet. Der Reichtum dieses Landes bestand in seinen großen, schönen Wäldern. Und wenn der Fürst des Landes sich dem Volke zeigte, riefen seine treuen Untertanen: „Seid froh und lobet diesen Tag, hier kommt er, der Fürst der Wälder!"

Der kleinste Bauer lebte von den Gaben des Waldes ebenso wie der Fürst des Landes selbst. Das Geheimnis dieses Reichtums allerdings bestand darin, dass weder Bauer noch Fürst mehr entnommen hätte, als unbedingt benötigt wurde, und dass der Reichtum niemals zu Übermut und Willfährigkeit Anlass gab.

Der Fürst der Wälder war bekannt im ganzen Erdenkreis, hoch geachtet und manchmal wohl auch beneidet ob seiner treuen Untertanen und seines reichen Landes.

Das Holz aus seinen Wäldern gab seinem ganzen Volk ein wohliges Zuhause, genug Brennmaterial für ihre Öfen, sodass sie sich immer wärmen konnten, und genug Einkommen, dass sie ein Leben ohne Hunger und Elend führen konnten. Doch nicht genug damit. Das Land des Fürsten verfügte nicht nur über die schönsten und üppigsten Wälder im ganzen Erdenkreis. Dort standen auch noch ganz besondere Bäume.

Im Norden des Landes stand der Baum der Hoffnung, zu dem alle pilgerten, die Stärkung für ihre verloren geglaubten Träume suchten. Und immer, wenn sie eine Hoffnung benötigten, kehrten sie wieder und waren danach gestärkt für das Weiterkommen im Leben.

Im Süden des Landes stand der Baum der Liebe, zu dem alle pilgerten, die sich verloren glaubten, in den Niederungen des Lebens und nach einem neuen Anfang suchten. Und immer kehrten sie wieder und waren gestärkt für ein Leben in Zweisamkeit.

In der Mitte des Landes stand der Baum der Erkenntnis, zu dem alle pilgerten, die sich verloren glaubten, irgendwo

zwischen Hoffnung und Liebe. Dieser Baum war mächtig und Furcht einflößend. In ihm lebte eine gefräßige Schlange, die nicht selten grausame Opfer forderte. Und viele kehrten von dort nicht mehr wieder, da sie zwischen Hoffnung und Liebe keine Erkenntnis finden konnten.

Die Menschen in dem stillen Lande fürchteten die Gegend, in dem der Baum der Erkenntnis stand, und mieden seine Nähe. Die Schlange, die in der Krone des Baumes thronte, wusste um ihre Macht und führte ein Schreckensregime. Die verängstigten Menschen waren ihr aus tiefer Angst willfährig und gehorchten. Dieser Baum existierte über Generationen genauso wie die Furcht vor ihm und das Geschwür seiner Erkenntnisse. Man akzeptierte es und niemand wagte nach Veränderungen zu fragen.

Die Erkenntnis aber, die in den Zweigen des Baumes wucherte, vergiftete zusehends die Gedanken der Menschen und machte sie ungerecht. In diesem Klima der Angst und des Misstrauens entstand plötzlich großer Lärm in dem stillen und friedlichen Land des Fürsten der Wälder.

Es war der Lärm des Krieges und des Verderbens. Das friedliche Volk im stillen Land der Wälder war ungeübt in der

Kunst der Kriegsführung und sah unweigerlich seinem Untergange entgegen. Die Eindringlinge trachteten besonders danach, den Baum der Liebe, den Baum der Hoffnung und den Baum der Erkenntnis zu finden. Von denen hatten sie schon so unglaubliche Geschichten gehört. Doch so sehr sich die Fremden bemühten, auch unter größter Marter und den grässlichsten Drohungen gab niemand im Lande des Fürsten diese Geheimnisse preis.

So zogen die Eindringlinge umher, brandschatzend und schlachtend durch das ursprünglich so friedliche Land und verbreiteten Angst und Schrecken. Als die Not unerträglich war und die braven Menschen im Land des Fürsten der Wälder am Ende ihrer Kräfte standen, entsandten sie eine Gruppe von weisen Männern zum Fürsten, um sich zu beraten.

Bald kamen sie zum Schluss, den unerbittlichen Eindringlingen einen Tauschhandel anzubieten. Die Fremden forderten den Baum der Hoffnung, um aus seinem Holz ein Haus für ihre Nachkommen zu bauen, den Baum der Liebe, um sein Holz zum Wärmen in kalten Tagen zu verwenden, und den Baum der Erkenntnis, um mit seinem Holz den Bau von Kriegsschiffen vorantreiben zu können.

So beratschlagten die Weisen des Landes lange mit dem Fürsten der Wälder. Gestärkt vom Rat der Weisen zog der Fürst gegen die Eindringlinge und in mühevollen Disputen konnte er die Widersacher davon überzeugen, dass nur einer

der drei geforderten Bäume ausgeliefert werden könne.

Der Fürst kehrte in den Rat zurück und wiederum beratschlagten die Weisen des Landes, welcher der drei Bäume wohl der richtige dafür sei.

Die einen meinten, man könnte wohl am leichtesten ohne Hoffnung leben und man solle doch diesen Baum opfern. Die anderen meinten, die Liebe wäre nur zum Selbstzweck da und deshalb am ehesten verzichtbar.

Das letzte Wort allerdings hatte der Fürst der Wälder und er entschied, den Baum der Erkenntnis zu opfern. Da ging ein großes Raunen durch das Volk der getreuen Untertanen und sie schimpften ihn einen

Narren. Die hohen Priester forderten sogar seine augenblickliche Abdankung. Viele Diener verweigerten ihm erstmals im Leben die Gefolgschaft. Dies geschah nicht zuletzt aus unendlicher Furcht vor dem Ungeheuer in der Krone dieses Baumes.

Doch der Fürst der Wälder blieb bei seiner Entscheidung und ließ den Baum der Erkenntnis fällen. Dort an jener Stelle, wo einst dieser Baum stand, prangte jetzt eine große Leere im sonst so dichten Wald. Die Widersacher zogen damit von dannen und gelobten, nicht mehr wiederzukehren. Gott alleine weiß, warum sie ihr Versprechen hielten oder halten mussten.

Jahre vergingen und der Lärm des Krieges war verschollen.

Die Menschen des stillen Landes fanden wieder zu ihren Seelen zurück und lebten friedlich mit sich und den ihren.

Mit dem gewöhnlichen Alltag kehrte der Wunsch nach Hoffnung und Liebe wieder. So pilgerten sie in den Norden zum Baum der Hoffnung und in den Süden zum Baum der Liebe und kehrten von beiden beglückt zurück.

Doch als der Hoffnungsrausch und das Liebesglück zum Alltag wurden, sehnten sie sich nach Erkenntnis. Mutige wagten sich deshalb an jene Stelle, wo einst der Baum der

Erkenntnis stand. Nichts Furchtbares ging mehr aus von dieser hellen Stelle mitten im dunklen Wald und auch die so gefürchtete Schlange ward niemals wieder gesehen. Doch dort, wo einst der mächtige Baum mit seinen dunklen Erkenntnissen Schrecken und Not verbreitete, standen jetzt - wie von Zauberhand gerührt - viele kleine junge Bäumchen. Jedes von ihnen symbolisierte eine neue, fröhliche Erkenntnis.

Von jener einstigen Stätte des Schreckens ging jetzt Freude und Leichtigkeit aus. Neugierig und mit zunächst geduckten Köpfen kamen die Menschen aus allen Winkeln des Landes, um sich von diesem Naturschauspiel zu überzeugen. Und wenn sie wieder fortgingen, so taten sie das erhobenen Hauptes und ohne Furcht, gestärkt von neuen Erkenntnissen, die sie auch das einstige Handeln des Fürsten verstehen ließen.

Wenn sich der Fürst von nun an seinem Volke zeigte, riefen seine treuen Untertanen: „Seid froh und lobet diesen Tag, hier kommt er, der Fürst der Wälder!“

Hermine Wittmann

Das Märchen von dem Waldmann und dem kleinen, bunten Schmetterling

Es war einmal ein Land, das war so schön, dass selbst das Glück dort gern verweilte. Es lag nicht weit von hier. Es war genau an jenem Ort, wo die höchsten Bäume auf den sanften Hügeln den tiefen Horizont berührten. Es war das Land, in dem die Sonnenblumen in solchem Gold erblühten, dass manchmal die Sonne selbst dort vorüberzog, um sich im Schein der gelben Pracht zu spiegeln. Kurz gesagt: Es war ein gutes Land, durch seine Menschen und durch seine schöne Seele.

Dort in den Tälern, die Jahr und Tag dem Wind und Wetter trotzten, lebt der Waldmann. In seiner Welt ist's manchmal bunt, manchmal still und manchmal laut. Manchmal ist's ihm heiter im Gemüt, ab und an ist er sehr betrübt. Da schweifen seine Gedanken über die Hügel hinweg auf die andere Seite des Horizonts und tauchen wieder auf in einer großen Sehnsucht nach dem Glück der weiten Welt.

Alsdann: An einem Tage ohne wirkliche Bedeutung beschloss er, der Sehnsucht nachzugeben und dieses Glück zu suchen.

Er packte hurtig seinen Ranzen, verließ sein Waldreich und begab sich auf den Weg. Der Abschied fiel im leicht. Er zog ja aus, um durch Erkenntnis reich beschenkt und mit einem großen Schatze heimzukehren. Bevor er jedoch die Reise begann, verweilte er noch kurz auf einer alten Bank am Waldesrand.

Da flog ein kleiner, bunter Schmetterling heran, umkreiste ihn und setzte sich auf seine Schulter. Der Waldmann nahm diese kleine, flatterhafte Gestalt nicht wahr und setzte alsbald hastig seine Reise fort.

Der kleine, bunte Schmetterling schlug seine Flügel immer stärker, versuchte durch seinen wilden Tanz das Auge des Waldmanns zu erreichen. Doch dieser war mit seinen Gedanken schon weit fort. Genau an jener Stelle, wo die höchsten Bäume der sanften Hügel den tiefen Horizont berühren, verließen den kleinen, bunten Genossen die Kräfte und er ließ den Waldmann alleine ziehen.

Auf seiner großen Reise gelangte der Suchende in eine große Stadt. Dort lebten viele Menschen, die hastig durch die Straßen eilten und sehr geschäftig waren. Den einen, der mit rotem Kopfe an der Straßenecke lehnte, weil er zu rasch gelaufen war, fragte unser Waldmann nach der Geschäftigkeit, die ihm, dem Manne aus dem Wald, denn doch befremdlich erschien.

Und dieser Mann entgegnet ihm mit kurzem, flachem Atem: „Wir müssen laufen, laufen, immer laufen nach dem Geld, dem Geld, dem Geld.“ Als nun der Waldmensch dieses hörte, da dachte er: „Wenn diese Leute solche Lasten auf sich nehmen für das Geld, so muss das doch das Glück bedeuten.“ Und er selbst begann zu laufen und zu laufen für das Geld. Nach kurzer Zeit waren seine Schuhe abgetreten und der Mantel, den er trug, zerschlissen. Es fror ihn in der Nacht, denn er vermisste die Wärme seiner alten Kleider.

Und er dachte für sich selbst:
„Das große Glück muss wohl woanders liegen.“

So setzte er seine Reise fort. Er gelangte in einen wunderbaren Garten. Dort lebten bildschöne Frauen, die ihre zarten Hände nach ihm streckten. Sie umsponnen ihn mit leisen Worten und betörten ihn mit sanften Düften. Und als er dieses Prickeln spürte, dachte er: „Das ist das Glück", und gab sich hin. Die Sinne schwanden ihm und er verlor sein Herz. Doch ohne Herz wollten ihn die Frauen nicht mehr und verjagten ihn aus ihrem Paradies.

Und er dachte sich:
„Das große Glück muss
wohl woanders liegen."

Und wieder setzte er seine Reise fort. Alsbald gelangte er auf einen hohen Berg. Dort standen laute Rufer, die sehr ernst blickten und bedeutsam ihre Köpfe wiegten. Sie disputierten, diskutierten und dirigierten.

Gelegentlich klopften sie sich gegenseitig bedeutsam auf die Schultern.

Sie trugen dicke Bücher unter ihren Mänteln und jeder grüßte freundlich, der den Berg hinaufstieg. Sie kamen, um sich von den Gelehrten Rat zu holen.

Als der Waldmann dieses sah, fragte er den Lautesten von allen nach dem Grunde seines Tuns. Und jener antworte: „Wir tun das für die große Ehre und den ewigen Ruhm."

Da dachte der Waldmann: „Ja! Die Ehre und der Ruhm – das ist das große Glück!" Und er begann zu streiten, zu diskutieren und zu dirigieren. Und schon bald stand er selbst auf jenem hohen Berg und war unter den lautesten Rufern.

Eines Tages ergoss sich eine große Sintflut über das Land und die Menschen flüchteten aus den Tälern auf die Berge. Dort auf der Spitze wurde der Platz bald recht eng und sie stießen die Rufer von den Bergen in die Fluten, weil für leere Worte in der Not kein Platz mehr war.

Unser Waldmann kam mit knapper Müh und Not davon und erinnerte sich an sein Land, das er vor langen Zeiten verließ. War es nicht so schön, dass selbst das Glück dort gern verweilte?

Es lag nicht weit von hier. Es war genau an jenem Ort, wo die höchsten Bäume auf den sanften Hügeln den tiefen Horizont berührten. Es war das Land, in dem die Sonnenblumen in solchem Gold erblühten, dass manchmal die Sonne selbst dort vorüberzog, um sich im Schein der gelben Pracht zu spiegeln.

Er sehnte sich danach, auf jener alten Bank am Waldesrand zu sitzen und hinzuschauen auf das Haus, das er verlassen hatte.

Er packte also hurtig seinen Ranzen, schnürte seine Wanderschuhe und begab sich auf den Weg. Der Aufbruch fiel ihm leicht. Er zog ja aus, um an jenen Platz zurückzukehren, wo er Ruhe finden würde nach der langen Reise.

Und an einem Tage ohne wirkliche Bedeutung erreichte er sein Ziel. An jenem Ort, dort wo die höchsten Bäume auf

den sanften Hügeln den tiefen Horizont berühren, begrüßte ihn ein kleiner bunter Schmetterling mit seinem frohen Tanz. Der Waldmann blickte auf und bemerkte den kleinen, flatterhaften Kerl, der um ihn kreiste, und freute sich unsagbar über diesen Gruß.
Und als der kleine Freund sich auf seine Schulter setzte, war es ihm, als ob ein Engel seine Seele streifte auf dem Wege nach dem großen Glück.

In jedem Flügelschlag des kleinen, bunten Schmetterlings lag ein leiser Klang des Geldes in der großen Stadt, ein Hauch vom Duft der Frauen in dem wunderschönen Garten und ein Stück von der Weisheit der Gelehrten.

Nun endlich verstand er, dass er das Glück dort gefunden hatte, wo er es nie zuvor gesucht hatte:

Bei sich selbst.

Hermine Wittmann

Österreichs grünes Märchenland

Waldland Österreich

Viele Märchen spielen im Wald. Die grünen Hallen haben seit jeher einen wundersamen zauberhaften Reiz. Sie gelten als Orte der Verwandlung und Klärung. Die Helden kommen immer verändert aus dem Wald heraus. Sie haben Erfahrungen gemacht, die ihrem Lebensweg eine neue Richtung geben. Wer mit phantasievollem Herzen unsere Wälder betritt, kann auch heute die Magie dieser Landschaft spüren.

Gerade in Österreich sollte es leicht gelingen, persönliche Walderfahrungen zu sammeln – besteht doch fast die Hälfte des Landes aus Wald. 3,9 Millionen Hektar nimmt dieses Waldreich ein. Damit zählt Österreich zu den waldreichsten Staaten in Europa.

Jedoch geht die Bedeutung des heimischen Waldes weit über die Funktion als Märchenschauplatz hinaus.

Die vielen Leistungen der Waldwirtschaft

Der Wald und die österreichische Waldwirtschaft erfüllen zahlreiche Aufgaben. Zunächst sorgen sie für die Produktion des nachwachsenden Rohstoffes Holz. In der wohl schönsten Fabrik der Welt – dem Wald – wachsen jährlich rund 27 Millionen Kubikmeter Holz nach. Das bedeutet, dass fast jede Sekunde ein Holzwürfel von 1 m Seitenlänge zuwächst. Weil nur 19 Millionen Kubikmeter Holz geerntet werden, wächst der heimische Vorrat ständig an.

Österreichisches Holz kann daher mit gutem Gewissen verstärkt genützt werden, weil weit mehr zuwächst, als wir benötigen.

Kein anderer Werkstoff vereint hervorragende Produkteigenschaften und ökologische Erzeugung so gut wie Holz. Der Rohstoff ist hart und weich zugleich, dauerhaft und biologisch abbaubar – Holz ist genial. Aus Holz entstehen Häuser und Brücken ebenso wie Viskose-Hemden, Spitzenhöschen und der Saft der Essiggurkerln; Buchenholz macht zuckerfreien Kaugummi süß und dieses Buch ist ein Produkt aus Durchforstungsholz.

Holz verwandelt sich in Zellulose. Daraus erzeugt man Papier, Stoffe, Viskose, Folien und vieles mehr.

Die Holzwirtschaft ist gleichauf mit dem Tourismus Österreichs wichtigster Devisenbringer und trägt mit 2,52 Mrd. Euro zur positiven Holz-Handelsbilanz bei. 290.000 Menschen leben hier zu Lande vom Holz.

Während das Holz still vor sich hinwächst, schützt es in Bergtälern vor Muren und Lawinen. Das moderne Waldmanagement

der österreichischen Forstbetriebe sorgt dafür, dass stabile und belastbare Schutzwälder entstehen. Ohne diese Sicherung wären weite Landesteile nicht bewohnbar.

In der Waldwirtschaft spielt der Boden eine große Rolle, ist er doch die Basis, das Fundament der grünen Kathedralen. Die Forstleute verwenden daher für die Motorsägen sowie Fahrzeuge Bio-Öle und vermeiden Bodenschädigungen.

Im Waldboden wird das kostbare heimische Wasser gefiltert und gespeichert.

Die Hüter des Waldes

Der österreichische Wald wird zu 83 Prozent von privaten Waldeigentümern gepflegt. Seit Generationen werden Erfahrungen und Verantwortung erfolgreich weitergegeben. Die Bundesforste AG bewirtschaftet 15 Prozent des heimischen Waldes. Etwa 213.000 Menschen besitzen ein Stück Wald in Österreich, welches in vielen Fällen nur wenige Hektar groß ist.

Diese privaten Hüter des Waldes bekennen sich zum Prinzip der naturnahen Waldbewirtschaftung. Das bedeutet, dass man sich bei der Behandlung des Waldes an natürlichen Abläufen orientiert. In Österreich gibt es daher keine Plantagen, sondern behutsam gepflegte Lebensräume. Neben dem Generationenvertrag und der Tradition sorgt ein strenges Forstgesetz für die Erhaltung des Waldes.

Das Zeichen für gute Waldwirtschaft: PEFC

Holz aus den heimischen Wäldern erfüllt in der Produktion hohe Standards. Strenge Auflagen bestehen für jeden Eingriff und jede Baumfällung, ebenso für den Umgang mit Tieren, Blumen und Sträuchern. Arbeitssicherheit und soziale Leistungen müssen gewährleistet sein. Nur wer alle Auflagen in seiner Region erfüllt, erhält von einer unabhängigen Prüfstelle das international anerkannte Zertifikat PEFC. Es ist das weltweit größte Zertifizierungssystem für Holz aus nachhaltiger Nutzung. Bis auf ganz wenige Flächen konnten über 98 Prozent der österreichischen Wälder die PEFC Auszeichnung erlangen.

Mehr Waldinformation

Wer mehr Informationen zum österreichischen Wald haben möchte, kann sich an folgende Adressen wenden:

HVLF - Hauptverband der Land- und Forstwirtschaftsbetriebe Österreichs: Schauflergasse 6/V, 1010 Wien, Tel. 01/533 02 27-0, www.hvlf.at

BMLFUW - Bundesministerium für Land- und Forstwirtschaft, Umwelt und Wasserwirtschaft: www.bmlfuw.gv.at

Pro Holz: www.proholz.at

ÖBF AG - Österreichische Bundesforste AG: www.oebf.at

Gemeinde Wien: www.wien.gv.at

FPP - Kooperationsabkommen Forst-Platte-Papier: www.fpp.at

PRÄKO - Präsidentenkonferenz der Landwirtschaftskammern Österreichs: www.praeko.at

Österreichischer Agrarverlag: www.avbuch.at